全国职业院校烹饪专业教材

烹调技术习题册

段晓艳　主编

中国劳动社会保障出版社

简　介

本习题册与全国职业院校烹饪专业教材《烹调技术》配套使用。习题册按照教材章节顺序编排，包括填空题、判断题、选择题、名词解释、简答题和实训题等多种题型，供学生课后练习使用。

本习题册由段晓艳主编，阳勇、蔡腾飞参编。

图书在版编目（CIP）数据

烹调技术习题册 / 段晓艳主编 . -- 北京：中国劳动社会保障出版社，2022

全国职业院校烹饪专业教材

ISBN 978-7-5167-5302-6

Ⅰ. ①烹⋯　Ⅱ. ①段⋯　Ⅲ. ①烹饪 - 方法 - 中等专业学校 - 习题集　Ⅳ. ①TS972.11

中国版本图书馆 CIP 数据核字（2022）第 096458 号

中国劳动社会保障出版社出版发行

（北京市惠新东街 1 号　邮政编码：100029）

*

涿州市星河印刷有限公司印刷装订　　新华书店经销

787 毫米 × 1092 毫米　16 开本　2.5 印张　44 千字

2022 年 6 月第 1 版　　2025 年 5 月第 6 次印刷

定价：6.00 元

营销中心电话：400-606-6496

出版社网址：http://www.class.com.cn

http://jg.class.com.cn

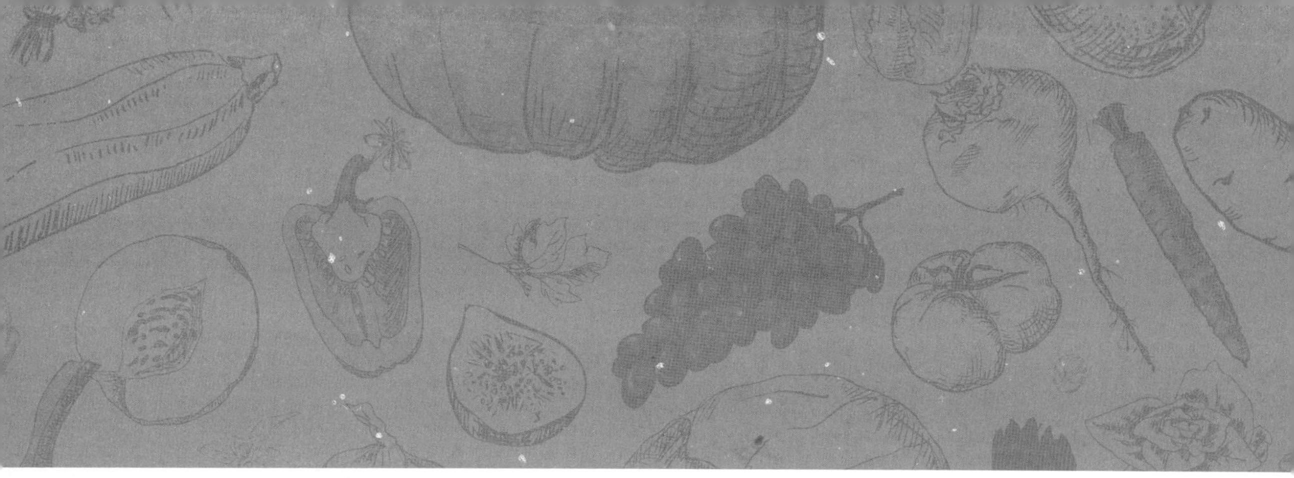

目　录

第一章 概 述

一、填空题

1.“烹”的起源与________的利用有关。

2.“调”起源于________的利用。

3. 我国烹调技术的形成与发展大致经历了___________、石烹、_________、铜烹和_________等阶段。

4. 袁枚所著的《__________》在我国烹调史上影响较大。

5. 豫菜中的“熘掐菜”选用原料有__________、____________。

6. 距今四千年左右，随着冶炼业的发展，开始出现了________炊具。

7. 陶甑因为底部有孔，可用来_______制食物。

8. 中国菜肴选料讲究，例如“软炸里脊”需选用_________，“北京烤鸭”需选用__________。

9. 代表中国烹调技术体系成熟的里程碑式的文献记录出现在《__________》一书中。

10.“辋川小样”是五代时期尼姑________根据王维所绘制的“辋川二十景”而制作的花色拼盘。

11. 中国烹调善于用火，根据具体菜肴不同的特点要求，把火力分为旺火、______、小火和______四类。

二、判断题

1. 中国菜肴往往由多种原料组成，而每一种原料都有其特殊的滋味。 (　　)

2. 烹的目的是使菜肴滋味鲜美、色泽美观。 (　　)

3. 中国餐饮业的行业术语中一直将制作菜肴的工种称为白案。 (　　)

4. 刀工、配菜是菜肴制作中重要的技术措施。 (　　)

5. 中国烹调技艺始于炎黄夏商，发展于春秋，形成于唐宋。 (　　)

6. 漏勺从材质上有不锈钢和铁质两种，从形状上看勺口有圆形和椭圆形两种。 (　　)

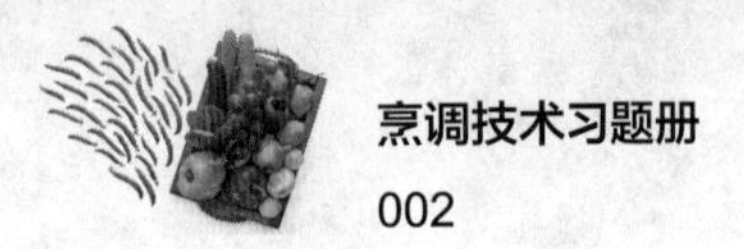

三、选择题

1. 以下不属于描述“茹毛饮血”的生食时期饮食状态的是（　　）。

A. 食煮熟的饭菜　　B. 生食草木之实、鸟兽之肉

C. 饮其血　　D. 茹其毛

2. 下列选项中，属于蒸制器皿的是（　　）。

A. 陶鼎　　B. 陶鬲　　C. 陶甑　　D. 陶盆

3. 中国烹调技术的成熟期是（　　）。

A. 铁烹时期　　B. 铜烹时期　　C. 陶烹时期　　D. 石烹时期

4. 下列选项中，不属于我国八大菜系的是（　　）。

A. 鲁菜　　B. 苏菜　　C. 川菜　　D. 豫菜

四、名词解释

1. 烹调

2. 烹饪

3. 小翻

4. 大翻

五、简答题

1. 烹调的发明具有哪些重大意义?

2. 20 世纪 70 年代末，中国烹饪进入崭新的发展阶段，具体表现为哪些方面?

3. 我国菜肴的特点有哪些?

4. 烹调基本功训练包括哪些主要内容?

5. 伊尹“五味调和论”的主要内容是什么?

第二章 火　　候

一、填空题

1. 我国烹饪历来重视火候的运用，有文献记载：“五味三材，________，________，________，灭腥去臊除膻，必以其胜，无失其理。”

2. 借助于不同波长的电磁波来传递热量的方式，称为__________。

3. 以油为介质传热，其主要的热传递方式是________；以蒸汽为介质传热，其主要的热传递方式是靠____________。

4. 在旺火情况下，温度最高的一层是火焰的第______层，一般与锅底直接接触。

5. 在烹调过程中，加入调味品形成的水溶液的沸点稍高于纯水的沸点，使用这些水溶液导热时，最高温度可稍超过________（1 个标准大气压下）。

6. 生的蔬菜和新鲜的水果细胞中充满水分，细胞与细胞间有一种起连接作用的________。

7. 原料中所含的多种维生素与空气接触时容易发生氧化破坏的现象，被称为____________。

8. 所谓火力是指燃料燃烧时的______。

9. 豆浆在加入____________等电解质后，可凝结为豆腐。

10. 淀粉加热会水解为糊精，并进一步生成______，故成熟后黏性较大，略有甜味。

11. 动物的血液和蛋品中的主要成分是水溶性蛋白质，加热时会很快________。

12. 酯化作用是指脂肪与水一起加热时，部分脂肪发生水解后生成____________和甘油。

二、判断题

1. 早在两千多年前，《吕氏春秋· 本味篇》就有关于火候的记载。（　　）

2. 火候运用是否恰当，对菜肴成熟度有重要影响。（　　）

3. 温度高的物体得到热量，温度降低；而温度低的物体放出热量，温度升高。（　　）

4. 油所能吸收、保持的热量比水高得多。（　　）

5. 用油导热不能最大限度地突出原料本味。（　　）

6. 盐和沙粒比油的传热能力弱，它们是以热传导的方式把热量传递给原料的。（　　）

7. 当盖紧蒸笼盖，加大火力，加强笼内气压时，笼内温度可升到 102 ~ 105 ℃。（　　）

8. 以空气为介质传热，主要是靠对流的方式传递热量。（　　）

9. 如果采用旺火、短时间加热的烹调方法，必须把原料尽量切得大些、厚些。（　　）

10. 如果是大块的鱼或肉，必须用小火进行长时间加热。（　　）

11. 水解作用是指原料在水中加热时，原料中的分子通过热水的作用，分解成小分子，便于人体吸收利用。（　　）

12. 凝固作用是指原料中所含的水溶性蛋白质在加热过程中发生的凝结现象。（　　）

13. 一般烹饪原料的传热能力都很好。（　　）

14. 加入酒、醋等物质便会与脂肪酸结合生成气味芳香的酯类，这种作用称为酯化作用。（　　）

15. 原料在受热或与碱性溶液及铜、盐接触的情况下氧化更为缓慢。（　　）

16. 燃料处在剧烈燃烧状态中，火力就小；反之，火力就大。（　　）

三、选择题

1. 将金属调羹放入热汤内，手很快感到调羹把变热，这种现象属于（　　）现象。

A. 热传导　　B. 热对流　　C. 热辐射　　D. 以上都不是

2. 太阳能的利用属于热的（　　）。

A. 辐射　　B. 对流　　C. 传导　　D. 以上都不是

3. 下列选项中，不属于传热介质的是（　　）。

A. 水、油　　B. 蒸汽　　C. 食盐　　D. 木头

4. 下列选项中，（　　）不是热传递的方式。

A. 传导　　B. 对流　　C. 辐射　　D. 汽蒸

5. 一块约 1.5 千克的牛肉放在沸水内煮 1.5 小时，牛肉内部温度也只有（　　）℃。

A.120　　B.100　　C.85　　D.62

6. 火力的大小不可以根据（　　）来划定。

A. 火焰的高低　　B. 火光的明暗

C. 辐射热的强弱　　D. 原料成熟的快慢

四、名词解释

1. 对流

2. 传导

3. 分散作用

4. 火候

五、简答题

1. 热从炉灶传递给铁锅有哪几种情况？铁锅将热传递给原料又有哪几种情况？

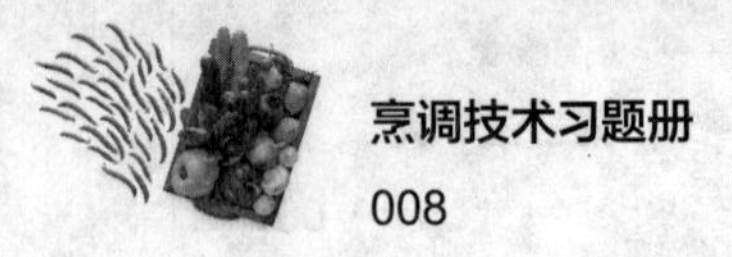

2. 在对原料加热时，必须掌握哪几项要求?

3. 鉴别火力的方法是什么?

4. 掌握火候的一般要求有哪些?

第三章　烹饪原料的预熟处理

一、填空题

1. 烹饪原料经过选择、__________、__________后，往往需要进行预熟处理，为正式烹调做准备。

2. 焯水又称为________、________。

3. 新鲜蔬菜被加热时，其叶绿素中的镁离子与蔬菜中的草酸易形成__________，使蔬菜颜色变暗。

4. 新鲜蔬菜的表面浮着一层或厚或薄的________，对植物具有保护作用。

5. 焯水分为__________和__________两种方法，过油分为________和________两种方法。

6. 蒸汽的温度能保持在 ________以上。

7. 汽蒸可分为________沸水长时间蒸制和________沸水徐缓蒸制两种方法。

8. 走红又称为________、________等。

9. 过油走红一般适用于鸡、鸭、________、________等整只或大块原料的上色。

10. 过油走红时，着色的原料多用________、________、糖色，也有用酒酿汁、酱油、甜面酱的。

11. 对于粗、老、韧、硬、整只或大块的原料，下锅时油温应________些。

12. 如果原料在火力不太旺、油温低时下锅，则油温会迅速下降，势必会造成________、________。

13. 在过油过程中，由于油脂富含香味，在不同油温的作用下，可去除原料的________，增添________。

14. 原料有大小、________、厚薄、________之别，在焯水时必须分别对待。

二、判断题

1. 烹饪原料预熟处理与菜肴的质量密切相关。　　（　　）

2. 大部分蔬菜及一些含有血污或有腥膻气味的动物性原料，烹调前都需进行焯水。　　（　　）

3. 在正式烹调前利用焯水除去草酸，便可防止产生脱镁叶绿素，达到保持蔬菜颜色的目的。（ ）

4. 焯水不能防止蔬菜变色，不能提高蔬菜的鲜艳程度。（ ）

5. 草酸钙具有沉淀特性，不影响人们对钙的吸收。（ ）

6. 异味是指原料中固有的苦味、涩味、辛辣味、腥味、膻味、臭味等。（ ）

7. 焯水就是要将那些不易成熟的原料进行预熟处理，然后再和易熟原料共同烹制，这样它们就能同时成熟了。（ ）

8. 深色的原料与浅色的原料不必分别焯水。（ ）

9. 蔬菜焯水不会造成维生素 C 的较大损失。（ ）

10. 不同的油温不能起到不同的呈色效果。（ ）

11. 投料数量多，原料下锅时油温应高些。对于脆嫩和形小的原料，下锅时油温应相对低些。（ ）

12. 走油时油量要淹没原料，油温掌握在两成热以下。（ ）

13. 原料放入油锅后，因其表面水分骤受高温，会引起热油飞溅，容易造成烫伤事故。（ ）

14. 原料在汽蒸过程中，蒸笼内的湿度处于饱和状态，由于原料内部的水分容易外溢，会造成干瘪现象。（ ）

三、选择题

1. 以下原料中，不适合冷水焯水处理的是（ ）。

A. 白萝卜块　B. 大肠　C. 菠菜　D. 猪肚

2. 过油后的原料具有滑嫩或（ ）的质感。

A. 酥脆　B. 酥香　C. 香嫩　D. 酥嫩

3. 过油时，原料中的蛋白类物质在高温状态下会迅速（ ）。

A. 变软　B. 凝固　C. 变硬　D. 变坏

4. 油温大致可分为（ ）类。

A. 1　B. 2　C. 3　D. 4

5. 以蒸汽为传热媒介的烹调原料预熟方法是（ ）。

A. 汽蒸　B. 焯水　C. 过油　D. 走红

四、简答题

1. 焯水的作用是什么？其具体的方法和要求有哪些？

2. 什么是过油？过油有哪些作用？

3. 什么是滑油？其操作要领有哪些？

4. 什么是走油？走油时如何防止烫伤事故发生？

5. 什么是汽蒸？汽蒸有哪些作用？

6. 简述走红的方法及其适用范围。

7. 卤汁走红的操作要领有哪些？

8. 如何正确掌握油温？

第四章 制 汤

一、填空题

1. 制汤又称________、________、炖汤。按制汤所用的原料不同分类，汤可分为________和________两类。

2. 高级白汤的特点是____________，____________，多用于烹制高档白汁菜。

3. 一般白汤的特点是____________，____________，主要用于中、低档菜肴的烹制。

4. 高级清汤以__________为基汁进一步吊制而成。制作高级清汤需要用________来吊制。

5. 臊子有白臊子和红臊子两种，白臊子多用__________剁成茸加清水制成，红臊子多用__________（或猪里脊肉）剁成茸加清水制成，也可用血水。

6. 制好的牛肉清汤____________、____________、____________，而且有浓厚的牛肉香味。

7. 三合汤由________、__________和猪腿肉三种原料一同煮制而成。

8. 三合汤具有____________和____________的特点，适用于特殊菜肴的烹制。

9. 素汤是用______________制作的汤汁，多选用__________________________含量丰富或________的原料制作而成。

10. 素汤多用于________的烹制。

11. 香菇汤又称__________，是利用水发香菇时的原汤制得的，汤色________，汤汁________，鲜味浓郁，多用于烹制高档素菜。

12. 鲜笋汤根据季节不同，可选用不同的笋类，如春季用________，夏季用________，秋季用________，冬季用________。

13. 鲜笋汤汤色绿黄，味鲜浓郁，由于汤味过浓，往往与________分量的________汤兑制使用。

14. 制汤一般情况下应________下料，中途不宜加水；且必须选用新鲜、无________的原料。

15. 制汤时应掌握好时机加入调味料。在一般情况下，______、______、______要提前放入，______应在汤制好以后加入，不能提前加入。

16. 如果用热水制汤，则原料表面________________________，表面的蛋白质______，就会影响原料内部蛋白质的溢出，汤汁就难以达到鲜醇的要求。

二、判断题

1. 制作清汤时为保证汤汁清澈，要防止氧化现象的出现。（　）
2. 制作“奶汤扒广肚”用的汤为浓白汤。（　）
3. 一般白汤又称毛汤、二汤。（　）
4. 高级清汤的特点是汤汁澄清，口味鲜醇，用料以鸡为主。（　）
5. 一般清汤又称上汤、高汤，汤汁澄清，呈淡茶色，滋味鲜醇。（　）
6. 牛肉清汤是以瘦牛肉、牛骨为原料，用小火长时间加热制得。（　）
7. 制作鸡清汤时为了降低成本，多采用鸡架、鸡翅尖、鸡爪、鸡皮及碎肉等低档原料。（　）
8. 鸡清汤鲜味较一般清汤浓一些，多用于制作普通菜肴或风味小吃。（　）
9. 制作鱼汤时，一般采用现制现用的方法。（　）
10. 制汤时要注意调味料的投放时机，更要掌握好火候。（　）

三、选择题

1. 汤的主要作用是增加菜肴的（　）。

A. 苦味　B. 咸味　C. 鲜味　D. 香味

2. 白汤一般分为（　）和高级白汤。

A. 一般白汤　B. 一般清汤　C. 高级清汤　D. 骨头汤

3. 制作奶汤时应保持汤体（　）。

A. 不开锅　B. 沸腾　C.60 ℃　D. 平静

四、简答题

1. 汤在烹调中的作用有哪些？

2. 汤的种类有哪些?

3. 简述制汤的关键。

4. 制作浓白汤的原理是什么?

5. 如何制作香菇汤?

五、实训题

1. 结合所学内容练习两种素汤的制作方法。
2. 制作高级白汤，并利用此汤烹制一道高档菜肴。

第五章　调　　味

一、填空题

1. 袁枚称“厨者之作料，如妇人之____________也，虽有天姿，虽善涂抹，而____________，西子亦难以为容”，充分说明了调味料的重要性。

2. 广义的味觉包括____________、____________和____________。狭义的味觉指的是____________。

3. 口腔内的味感受体主要是______，其次是________________。

4. 目前在我国普遍认为基本味有 7 种，即______、______、酸、______、______、______、香，为世界多数地区和民族所共识。

5. 我国菜肴以味型丰富著称，常见的味型有咸鲜、______、香咸、______、______、荔枝、______、麻辣、家常、______、怪味等几十种。

6. 调味的三个阶段分别是____________________、____________________和原料加热后调味。

7. 原料在加热中的调味又称____________。

8. 辅助调味的目的是补充前期________的不足，使菜肴滋味更加完美。

9. 烹调中常用食盐、______、蔗糖、______或食醋等调料来腌渍原料，行业中有时也叫码味。

10. 裹浇调味法是将________状态的调味料黏附于原料表面，使其带味的调味方法。

11. 菜肴的调色方法有保色法、________、兑色法和________四种。

12. 菜肴味型主要借助______的调和，也有____________和____________等方面的辅助作用。

13. 当喝了一杯浓糖水，再喝淡糖水，就会觉得不甜，这是味的______现象。

14. 味的转化也称为味的________。

15. 制作菜肴时，口味过咸或过酸，适当加些糖可使咸味或酸味有所减轻的现象是味的________。

16. 复合调味料椒盐配置中花椒和食盐的比例是________。

17. 酸味调味料有香醋、______、______等。

18. 调味的方法有____________、____________、热渗调味法、____________、____________和跟碟调味法。

二、判断题

1. 原料在加热前的腌渍调味称为基础调味。 （ ）
2. 根据调味料投放时序的不同，菜肴的调味方法主要有基础调味、定型调味和辅助调味。 （ ）
3. 根据材料投放的方式不同，菜肴的调味方法也各异。所有调味料不仅可以调理菜品的滋味，还可以起到杀菌消毒的作用。 （ ）
4. 调味料不仅可以调理菜品的滋味，还可以增强产品的营养价值。 （ ）
5. 制作海参、鱼肚、豆腐等为主料的菜肴，主要通过调味料和配料来丰富味道。 （ ）
6. 蒸制的调味主要集中在加热前和加热后。 （ ）
7. 烹调加热可以使各种物质相互融合，复合成菜品的美味。 （ ）
8. 一般菜肴的总体味型多属于复合味型。 （ ）
9. 在调味料的储存过程中要注意器皿的耐热性、耐蚀性和密封性。 （ ）
10. 中式传统菜肴的口味多属于单一的基本味型。 （ ）
11. 原料中的自然美味在烹调加热过程中能混合形成复合的美味。 （ ）
12. 调味品一般有一定的保质期，不宜长时间存放。 （ ）
13. 在一定的温度和湿度环境下，食盐容易发生潮解或结块现象。 （ ）

三、选择题

1. 我国政府规定，食盐中必须添加的物质是（ ）。

A. 碘　B. 磺化钾　C. 溴化钾　D. 海藻

2. 适宜调制北京传统涮羊肉作料的调味料是（ ）。

A. 黄豆酱　B. 甜面酱　C. 海鲜酱　D. 芝麻酱

3. 主要呈现咸味的调味料是（ ）。

A. 酱油　B. 鱼露　C. 糖醋汁　D. 芥末酱

4. 下列味型中，不能构成四川怪味复合味型的有（ ）。

A. 甜味　B. 辣味　C. 酸味

D. 鲜味　E. 苦味　F. 香麻味

四、名词解释

1. 味觉

2. 调味

3. 味的对比现象

4. 腌渍调味法

5. 润色法

6. 保色法

五、简答题

1. 什么是味？味可分为哪两大类？

2. 基本味有哪些？各有什么作用？

3. 常见菜品味型有哪些？其各自的特点是什么？

4. 调味的基本原则有哪些？

5. 菜肴增香的方法有哪些？

6. 如何合理地放置调味料？

六、实训题

1. 利用课外实践体会味的几种常见现象。
2. 通过烹饪操作，熟练掌握几种复合味型的调制。

第六章　糊浆调制技术

一、填空题

1. 挂糊主要适用于炸、______、煎、______等烹调方法。

2. 上浆主要适用于______、______等旺火速成的烹调方法。

3. 糊的种类有水粉糊、________、________、全蛋糊、________、发粉糊和脆皮糊。

4. 上浆的种类有________、蛋粉浆和________。

5. 按芡汁的浓度和烹调方法来划分，芡汁主要有包芡、糊芡、________和________4种。

6. 调制水粉芡时，粉芡与水的比例一般为______。

7. 勾芡的质量标准是____________、____________和数量适宜。

8. 芡汁的调制方法可分为____________和____________两种。

二、判断题

1. 对于一些特殊原料，挂糊后经加热可制成风味独特的菜肴，如“拔丝冰激凌”等。（　）

2. 水粉糊一般是由水、面粉、鸡蛋、料酒和淀粉调制而成的。（　）

3. 保持原料中的水分和鲜味是着衣处理的重要作用之一。（　）

4. 蛋清糊是由鸡蛋清、淀粉、冷水调制而成。（　）

5. 挂糊不能增加菜肴的营养成分。（　）

6. 挂糊、上浆就是给原料“穿衣戴帽”。（　）

7. 水粉糊、全蛋糊、脆皮糊等都是糊的常用种类，烹调中可以根据需要选择使用。（　）

8. 蛋清浆处理后的菜品具有柔滑软嫩、色泽淡黄的特点。（　）

9. 挂糊、上浆时可以根据烹调要求、原料性质，灵活掌握糊或浆的稀稠程度。（　）

10. 在烹制菜肴时应先将口味、色泽调好后再淋入芡汁。（　）

11. 勾芡应该在菜肴成熟装盘之后进行。（　）

12. 勾芡数量的多少应由菜肴的烹调方法来确定。（　）

13. 浇淋的勾芡方法一般适用于爆、炒、熘等芡汁较少的菜肴。（　）

14. 翻拌法适用于体形较大或要保持其形态的菜肴。（　　）

15. 勾芡可以增强菜品汤汁的黏度和浓稠度，保持菜品汤汁的温度，还可以丰富菜品的口味和口感。（　　）

三、选择题

1. (　　) 属于着衣处理的工艺方法。

A. 走红　B. 拍粉　C. 焯水　D. 滑油

2. 水粉浆是由（　　）等浆料调制而成。

A. 水、盐、料酒、淀粉、味精　B. 水、料酒、淀粉

C. 水、淀粉　D. 水、蛋清、淀粉

3. 不可以用于调制蛋清浆的原料是（　　）。

A. 蛋清　B. 淀粉　C. 食盐和料酒　D. 酱油

4. 可以用于调制脆皮糊的原料是（　　）。

A. 面粉　B. 糯米粉　C. 白糖　D. 味精

5. 制作炒腰花时应采用（　　）芡汁。

A. 糊芡　B. 包芡　C. 米汤芡　D. 流芡

6. 下列对勾芡的描述正确的是（　　）。

A. 勾芡只影响菜肴口味而不影响菜肴色泽

B. 勾芡是烹调工艺的延续和补充

C. 勾芡主要用于爆炒菜肴

D. 勾芡是借助蛋白质的变性作用使汤汁浓稠

四、名词解释

1. 着衣处理

2. 挂糊

3. 上浆

4. 勾芡

五、简答题

1. 简述挂糊上浆的作用。

2. 简述挂糊上浆的操作关键。

3. 简述勾芡的作用。

4. 芡汁调制方法有哪些？调制时应注意哪些事项？

5. 勾芡的方法有哪些？

六、实训题

1. 练习全蛋糊、水粉糊的调制。
2. 练习用水粉浆给肉片上浆。
3. 练习各种芡汁的调制，并制作相应的菜肴。

第七章 菜肴的烹调方法

一、填空题

1. 根据菜肴成品的特点，炸可分为清炸、______、软炸、酥炸、______、香炸、______、卷包炸等。

2. 香炸时滚蘸用的面包糠，应选用无味面包或咸面包，原因是____。

3. 炒的特殊性在于其四个基本要素：一是油量少，二是____________，三是主料形状小，四是________________________。

4. 根据菜肴烹调方法、用料和成品特点的不同，炒一般分为______、熟炒、干炒、______、______等。

5. 根据菜肴成品的色泽和工艺不同，烧大致可分为红烧、______和______。

6. 红烧与白烧的区别有两方面：一是________________________，二是____________________。

7. 根据融化糖的介质不同，拔丝可分为水拔、________和______________三种。

8. 根据加工方法不同，炖可分为________、不隔水炖和________。

9. 焗可分为______和______。

10. 炉焗烤箱的温度一般控制在______________℃。

11. 为避免糖液粘住盛装拔丝菜肴的盘子，要事先在盘子上抹上________。

12. 根据烤炉设备及操作方法的不同，烤可分为暗炉烤、________和________三大类。

13. 焖菜使用的火候分三个阶段：第一阶段使用______，第二阶段使用______，第三阶段使用______。

14. 根据调味、原料性质和加工手法的不同，焖可分为黄焖、红焖、______和______等几种。

15. 根据色泽的不同，扒的方法可分为______和______两种。

16. 干烧菜肴在淋醋时要做到“放醋不酸”，目的是__________。

17. 根据原料初步加热方式的不同，可以将烹分为______、煎烹和______三种形式。

18. 塌是一种______和______相结合的烹调方法。

19. 根据成品质感、加热介质的不同，熘可分为焦熘、______、______等。

20. 主料滑油时采用热锅凉油，油温一般为______至______热。

21. 油淋的原料一要质嫩，二要______，三要表皮完整。

22. 包炸馅料以条、______、粒、______为主，卷炸馅料以丝、______、末为宜。

23. 软炸菜肴在成品上桌时可以随带番茄沙司、甜面酱或花椒盐，摆放方式有三种，一是____________________，二是撒在菜品表面，三是_____________。

24. 冷菜工艺中拌制菜肴的方法很多，一般可分为生拌、________和________。

二、判断题

1. 清炸是将主料经刀工处理后用调味品拌渍，然后经拍粉或挂糊，投入油锅炸至成熟的一种烹调方法。（　）

2. 清炸原料在码味腌渍时，一般不使用或少用含糖分和色泽较深的调味品，以防止加热后上色变黑。（　）

3. 软炸的原料在炸制前必须经过熟制。（　）

4. 一般来说，酥炸类菜肴挂糊的都是不出骨原料，不挂糊的大都是出骨的原料，而且原料外皮要完整。（　）

5. 脆糊炸类菜肴大多选择质地鲜嫩、口感醇美、含水量丰富的无骨动物性原料，很少选用植物性原料。（　）

6. 在通常情况下，脆炸的原料在炸制时一定要一次性炸成。（　）

7. 松炸时必须使用纯净的油脂炸制原料。（　）

8. 干煸时油量要适度，油过多则会使原料干硬，油过少则不容易煸干原料内部的水分。（　）

9. 干炸菜肴的特点是：干香酥脆，见油不见汁，色泽多为深红色。（　）

10. 焦熘是将卤汁勾好芡后搅打入热油，使油与卤汁混为一体，以延续水分对原料的渗透。（　）

11. 汤爆的原料必须经过初步熟处理。（　）

12. 煎与贴的最大区别是贴要煎两面。（　）

13. 炸烹时一般都要先经油炸，再调味汁，故行业内有“逢烹必炸”之说。（　）

14. 扒多用于一些整型、高档的原料。（　）

15. 在制作粉蒸菜肴时，炒制米粉要用旺火炒。（　）

16. 煮菜的汤汁要求一次性加足，若中途加水，会直接影响菜肴的质量。（ ）

17. 干烧前要进行过油处理，其作用是使原料形状固定，还可增加干烧菜肴的香鲜滋味，缩短干烧的烹调时间。（ ）

18. 炖制菜肴具有汤多味鲜、原汁原味、形态完整、酥而不碎的特点。（ ）

19. 只要求蒸熟、不要求蒸酥的菜肴，一般都采用旺火沸水长时间蒸制。（ ）

20. 扒制菜肴大多不用勾芡。（ ）

21. 蒸制时必须选用新鲜、无异味的原料。（ ）

22. 煮制菜肴的特点是：汤宽汁浓，汤菜合一，口味清鲜。（ ）

23. 蒸制时调味主要集中在加热后。（ ）

24. 冷菜工艺中的拌既可以使用生料，也可以使用冷却的熟料。（ ）

25. 冷菜工艺中的炝所使用的原料必须经过上浆处理。（ ）

26. 焗菜一般将原料加工成块、段，而不用整只鸡、整条鱼等。（ ）

27. 在制作拔丝菜肴时，最好油炸、熬糖同步进行。（ ）

三、选择题

1. 下列不是以油为加热介质的烹调方法是（ ）。

A. 涮　B. 炒　C. 烹　D. 贴

2. 回锅肉的烹制方法属于（ ）。

A. 干炒　B. 滑炒　C. 熟炒　D. 生炒

3. 属于软炒的菜肴是（ ）。

A. 青椒炒肉丝　B. 麻婆豆腐　C. 西湖醋鱼　D. 炒鲜奶

4. 不符合焖菜制作要求的是（ ）。

A. 选用含胶原蛋白丰富的原料　B. 口味要一次性调好

C. 控制好时间和添汤量　D. 火候分为三个阶段：旺火→小火→旺火

5. 符合烩菜制作要求的是（ ）。

A. 选用质地老韧的原料　B. 加热时间长

C. 烩制原料的形状较大　D. 通常勾薄芡

6. 下列关于清蒸方法的描述正确的是（ ）。

A. 原料需进行上浆处理　B. 清蒸的菜肴最好放在蒸笼的上层

C. 口味以麻辣为主　D. 烹制前不加调味料

7. 下列关于蜜汁类菜肴的描述不正确的是（ ）。

A. 菜肴口感酥烂软糯　B. 烧制时要经常转动锅

C. 糖汁必须浓稠　D. 原料要挂糊油炸

8. 蒸制菜肴时应注意的是（　　）。

A. 汤汁少的菜肴要放在蒸笼的下层　　B. 选用新鲜、无异味的原料

C. 不易成熟的菜肴放在蒸笼的下层　　D. 色深的菜肴应放在蒸笼的上层

9. 下列关于扒制菜肴的描述正确的是（　　）。

A. 原料整齐入锅、整齐出锅是扒的一大特色

B. 扒制菜肴一般采用旺火

C. 扒制菜肴根据色泽可分为鸡油扒、葱油扒等

D. 扒制菜肴都需要勾芡

10. 下列关于明炉烤的描述正确的是（　　）。

A. 烤制菜肴应选用外表皮完整的原料

B. 原料四面受热均匀时容易成熟

C. 原料在烤制时要用猪网油、荷叶等包裹

D. 叫花鸡就是用明炉烤的方法制作的

四、名词解释

1. 清炸

2. 松炸

3. 炒

4. 烹

5. 拔丝

6. 挂霜

7. 涮

8. 汆

9. 扒

五、简答题

1. 什么是油淋、油泼、油浸？三者的成品特点分别是什么？

2. 什么是干炒？试举例说明其工艺流程。

3. 简述冷菜与热菜的区别。

4. 酱制菜肴时应注意哪些问题?

5. 简述冷菜的特点。

六、实训题

1. 根据所学软炒的烹调方法，结合当地原料现场制作一道菜肴。
2. 制作一道冰糖扒蹄。

第八章　菜肴装盘技艺

一、填空题

1. 炒、熘、爆菜的盛装方法有左右交叉轮拉法、__________、____________和覆盖法等。

2. 将两条鱼并排地装盘时，腹部向________，背部向________，紧靠在一起。装盘后如需浇卤汁，应从________向________浇。

3. 冷菜的装盘种类一般有单盘、________、攒盘、________、________和花色拼盘等。

4. 冷菜装盘的六大手法分别是排、堆、______、______、摆和______。

二、判断题

1. 菜肴装盘应突出主料，辅料只起衬托的作用。（　　）
2. 分主次倒法的装盘方法一般适用于主辅料差别不明显的勾芡菜肴。（　　）
3. 整鸡、整鸭盛装时应背部朝上，腹部朝下。（　　）
4. 蹄髈盛装时应皮朝上，骨肉朝下，这样才能显得皮色鲜艳，圆润饱满。（　　）
5. 单条鱼在装盘时应装在盘的正中，腹部有刀缝的一面朝下。（　　）
6. 冷菜在装盘时通常把颜色相同或原料相近的菜肴摆在一起。（　　）
7. 在盛装炸制菜肴时不能用筷子翻动原料。（　　）

三、选择题

1. 最适合红烧鲤鱼的装盘方法是（　　）。

A. 盛入法　　B. 扣入法　　C. 拖入法　　D. 覆盖法

2. 装盘时不要把菜肴装到盘边，要注意（　　）。

A. 越少越好　　B. 以量定盘　　C. 小盘大量　　D. 大盘小量

3. 传统冷菜装盘的基本步骤是垫底、盖边和（　　）。

A. 装饰　　B. 整理　　C. 装刀面　　D. 镶边

4. 菜肴盛装要（　　），讲究卫生。

A. 量大　　B. 注意清洁　　C. 质量好　　D. 色泽一致

四、简答题

1. 菜肴盛装的基本要求是什么?

2. 盛具与菜肴的配合原则是什么?

3. 简述菜肴盛装方法中扣入法的盛装关键。

4. 左右交叉轮拉法适用于什么菜肴的盛装，其盛装关键是什么?

五、实训题

1. 根据冷菜装盘步骤自己动手制作一份冷菜。
2. 结合本地原料运用装盘手法练习冷菜装盘方法。